eビジネス新書

No.40

経済

電池世界争奪戦

EVシフト加速で生まれる巨大需要

週刊東洋経済eビジネス新書　No.406

電池　世界争奪戦

本書は、東洋経済新報社刊『週刊東洋経済』２０２１年１１月２７日号より抜粋、加筆修正のうえ制作しています。情報は底本編集当時のものです。（標準読了時間　６０分）

電池　世界争奪戦　目次

EVシフト加速で生まれる巨大需要

世界の自動車メーカーの間で熾烈な〝電池争奪戦〟が起きている。

2021年9月末、米フォード・モーターが発表したのは約6500億円を投じて電池工場を建設する計画だ。10月には、欧米系のステランティスに続き、トヨタ自動車も米国に電池工場をつくると表明した。

脱炭素政策の下でEV（電気自動車）などへの電動車シフトを進める自動車各社にとって、電池を必要量調達できるかは電動化戦略を左右する。だが需要が拡大する中で電池メーカーの生産ラインを確保するには難しい交渉が必要だ。

ある自動車メーカーの渉外担当者はこう打ち明ける。「今、電池メーカーは強気ですよ。電池メーカーが発注元を選ぶ。条件として、投資をしてくれ、前払いをしてくれ、年間契約で購入量を保証してくれ、などいろいろと条件をつけてくる。それがのめないのなら売らないぞ、と」。

価格もネックだ。電池はEVの製造コストの3～4割を占める高額な部品。自動車メーカーとしてはできるだけ安く調達したいが、足元では価格上昇に見舞われている。ブルームバーグNEFの調査によれば、2013年時点でセル1キロワット時当たり平均460ドルだった電池の価格は20年時点で100ドル前後にまで下落した。が、現在はEV需要の拡大に伴い電池に用いられるリチウムやコバルトなどの金属が高騰。電池メーカーの間では値上げの動きが出ている。

アルゼンチンでリチウム資源の権益を有する豊田通商の片山昌治・金属本部COOは「今は実需以上の投機が入り、パニック買いの側面もある。とくに中国企業がスポット的にリチウムを買っている」と語る。

■ 世界の主要自動車メーカーの電池調達戦略

国	メーカー	電池調達戦略
日本	トヨタ自動車	2030年までに年産200GWh以上の電池生産能力を整備(現在は6GWh)。米国にトヨタグループ単独で電池工場を建設し、25年稼働予定
日本	ホンダ	中国では出資するCATLから調達。北米では提携するGMがLGと開発する「アルティウム」を活用。現段階では単独での電池工場建設の計画はない
日本	日産自動車	英国ではエンビジョンAESCから調達。日米中では車種ごとにサプライヤーを選択する方針。現段階では単独での電池工場建設の計画はない
フランス	ルノー	AESCがフランスに電池工場を新設し、小型車向けに供給。出資するフランスの「ヴェルコール」と電池を共同開発し、中大型車に搭載する方針
ドイツ	フォルクスワーゲン	30年までに欧州に電池メーカーとの合弁で電池工場を6カ所建設し、年産240GWhを確保。ノースボルトのスウェーデン工場は21年中、国軒高科のドイツ工場は25年に稼働予定
ドイツ	ダイムラー	主力ブランド「メルセデス」の30年のEV専業化に備え、世界に大型電池工場を8カ所建設する計画。年間生産能力は計200GWh
ドイツ	BMW	CATL、サムスンSDIと長期供給契約。20～31年に総額102億ユーロの電池を調達。ノースボルトにも出資し供給を受ける計画
米国	ゼネラル・モーターズ	LGエナジーソリューションとの合弁で米国に年産35GWhの電池工場を2つ建設。オハイオ工場は22年、テネシー工場は23年の稼働を計画
米国	フォード・モーター	SKイノベーションとの合弁で米国に電池工場を建設。ケンタッキー州に2工場、テネシー州に1工場。年間生産能力は計129GWhを計画
米国	ステランティス	LGとの合弁で北米に電池工場を建設。年産40GWhで24年稼働を目指す。サムスンSDIとも米国に工場を新設。25年稼働で将来的には40GWhの計画

(出所)各社のプレスリリースを基に東洋経済作成

トヨタが米国に電池工場

「ＥＶに消極的」とみられていたトヨタ自動車も、ついに電池をめぐる戦いに名乗りを上げた。

１０月１８日にトヨタが発表したのが、約３８００億円を投じて初めて米国に電池工場を建設するという計画だ。稼働予定は２５年。当初はＨＶ（ハイブリッド車）向けの電池を生産するが、ＥＶ向けの供給も視野に入れる。

「電池やＥＶで、われわれはほかの自動車メーカーに決して劣っていない。競争に十分勝っていけるＥＶの品ぞろえをしていく」。トヨタが１１月４日に開いた決算会見の場で、長田准執行役員はＥＶへの積極的な姿勢を強調した。会見の１週間ほど前には、トヨタ初となるＥＶ専用モデル「ｂＺ４Ｘ」の詳細を発表したばかり。トヨタは現在６車種のＥＶのラインナップを、２５年までに１５車種にまで拡大させる計画で、巻き返しを図る。今回の電池工場新設は、こうした電動化戦略に対応した動きだろう。

トヨタの電池生産能力は現在年間6ギガワット時（GWh）だが、これを30年には200ギガワット時以上に引き上げる。それに伴い、30年までに電池関連で設備に1兆円、開発に5000億円を投資する計画だ。その「先兵役」（長田執行役員）と位置づけるのが、今回発表された米国の電池工場なのだ。

トヨタのみならず、米国は電池をめぐる投資競争の主戦場だ。背景にあるのが、バイデン政権の掲げる脱炭素政策だ。21年8月には30年までに新車販売の50％以上をEV、FCV（燃料電池車）、PHV（プラグインハイブリッド車）とする方針を表明。税制優遇などにより、自国でのEVの強固なサプライチェーン構築を狙う。

自動車各社の米国への投資集中で勢いづくのが、彼らと組む韓国の電池メーカーだ。ゼネラル・モーターズ（GM）は車載電池で世界2位のLGエナジーソリューションと、フォードはSKイノベーションと提携。ステランティスはLG、サムスンSDIとそれぞれ手を組んでいる。

車載電池で世界首位の中国・寧徳時代新能源科技（CATL）も米国に工場を新設することを検討していたが、米中デカップリング（分断）の影響で当面は実現しない見込み。そこで同社は、おひざ元の中国や欧州向けの投資に注力する。幅広い自動車メーカーと供給関係を結び、21年時点で260ギガワット時の生産能力を25年に2・5倍の650ギガワット時超まで引き上げる計画だ。

世界3位で国内最大手のパナソニックは、米テスラがほぼ唯一の顧客で、生産能力は日米合計で約50ギガワット時。将来の増産計画も明確にしておらず、中韓勢と比べたら投資に消極的な印象は否めない。テスラ以外の電池事業は、20年に設立されたトヨタとの合弁会社プライム プラネット エナジー&ソリューションズ（PPES）に移管され、従来パナソニックから電池を調達してきたホンダは調達計画の再考を迫られている。

ゆえに、日系自動車メーカーが海外展開をするうえでは中韓の電池メーカーが頼みの綱。日産自動車が関係強化を進めているのは、中国資本傘下のエンビジョンAESCグループだ。すでにEV「リーフ」で採用実績があり、英サンダーランド工場の隣接地にエンビジョンAESCが建設する予定の工場では、日産が欧州を中心に展開を予定する新型SUV向けの電池が生産される予定だ。

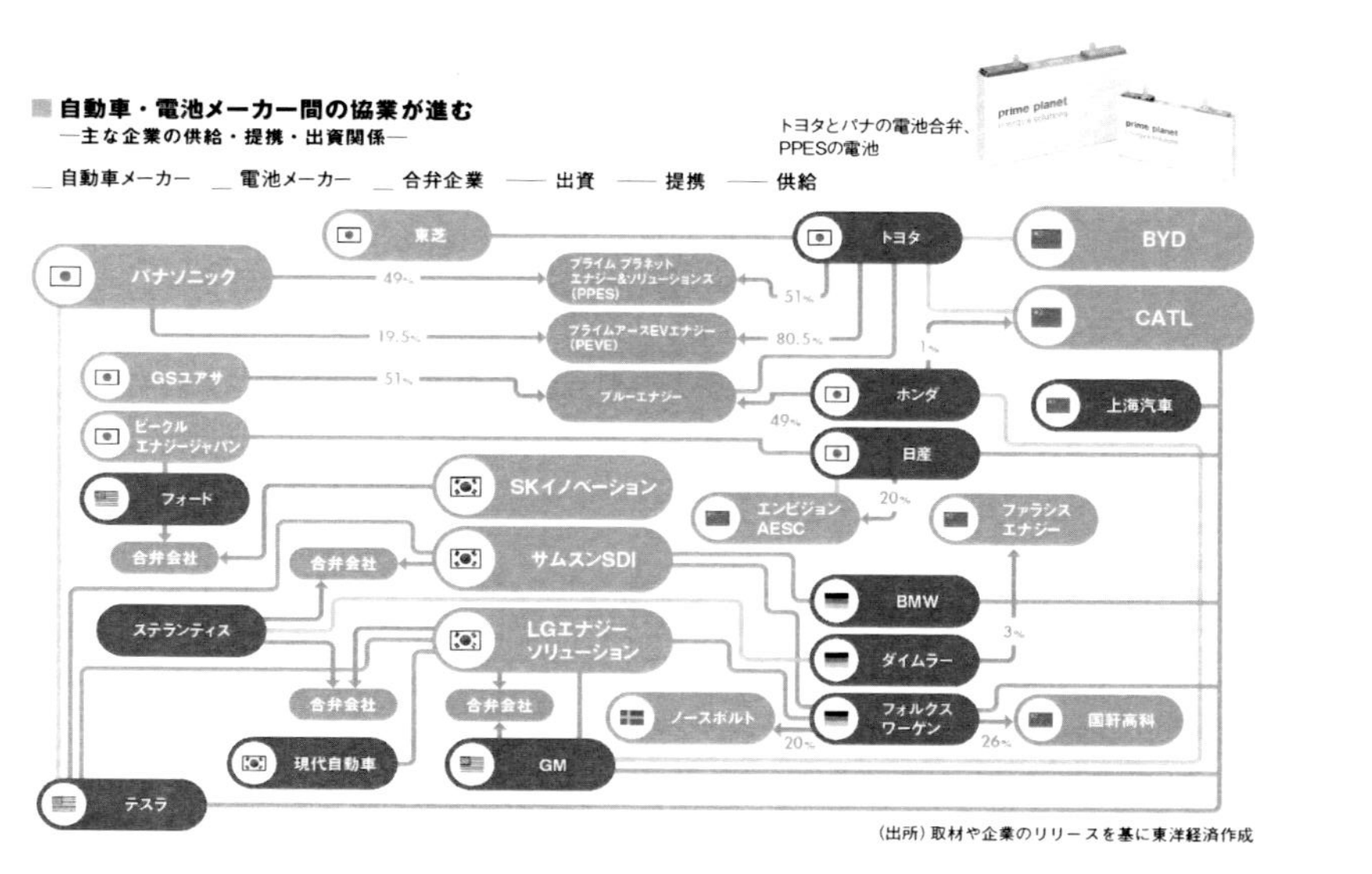

■自動車・電池メーカー間の協業が進む
—主な企業の供給・提携・出資関係—

（出所）取材や企業のリリースを基に東洋経済作成

ＡＥＳＣ奪還論が浮上

ＡＥＳＣはもともと日産の子会社だったが、２０１８年にエンビジョンに売却された過去がある。ただ日産社内では「ＡＥＳＣを買い戻すべきではないか」との声も上がる。同社は２０年度の電動車比率が１％に満たない米国で、３０年までにＥＶの販売比率を４０％まで引き上げる計画。だがエンビジョンＡＥＳＣとして中国企業傘下にある以上、米国には進出しにくい。現地での電池調達をどうするかは不明瞭だ。

４０年に世界の新車販売をすべてＥＶ・ＦＣＶとする「脱エンジン宣言」をしたホンダも電池の調達網構築を進める。中国向けの車種ではＣＡＴＬ、米国ではＧＭとＬＧが共同開発した電池を採用する見通しだが、問題は国内だ。ホンダは、国内でどの電池メーカーと組むかを現時点で明らかにしていない。ホンダの倉石誠司副社長は「地産地消により、国内産業の発展への寄与を考えながら検討したい」と語る。調達先としては、ＨＶ向けの電池メーカーで数年内にもＥＶ向け電池を生産するとされる元日立系のビークルエナジージャパンや、仏ルノー・日産連合以外への拡販に意欲を見せるエンビジョンＡＥＳＣが浮上する。

ただ、国内における電池の設備投資には高いハードルがある。投資が巨大になる中、海外と比べて国の支援が弱いからだ。欧州連合（ＥＵ）は電池の生産支援や研究開発プロジェクトに計８０００億円を投じている。中国も、電池関連工場への設備投資に対する支援や税の軽減に積極的だ。

対する日本は、総額２兆円のグリーンイノベーション基金事業のうち上限１２０５億円を蓄電池の開発予算として計上。１１月１９日には先端的な電池の生産設備に対して補助金を出す政策を発表する見通しだ。ただ、「日本の支援は海外と比べると桁が１つ違う」（電池業界関係者）との指摘もある。世界的なＥＶ化の中で、国内の電池産業は厳しい戦いを迫られている。


（木皮透庸、横山隼也）

INTERVIEW　電池メーカーのトップに聞く①

「競争は厳しいが、積極投資続ける」

エンビジョンAESCグループ　CEO・松本昌一

EV（電気自動車）普及の動きが広がり、2030年にはEV用電池の生産量が世界で2000ギガワット時（GWh）を超えるとの予測もある。われわれとしては少なくとも200ギガワット時程を目標としたい。

その中で、茨城、英国、フランスの3つの拠点新設に加えて、中国の内モンゴルで商用車向けと家庭用の定置向け電池の工場建設を決め、22年以降に稼働する。競争環境はそうとう厳しいが、積極的に投資を進めていきたい。

電池の競争力の中でも、とくに大事なのが品質・安全性。ここがわれわれとしての大きな差別化要因になる。会社が立ち上がってから10年以上が経ち、60万台を超すEVに電池を供給してきたが、発火事故や煙が出るといった事例は知る限り1件もない。電池のエネルギー密度が高まっていく中で安全性はより重要になる。ここは妥協しない。

拡販のベースとして、日産自動車や仏ルノー、三菱自動車の3社アライアンスと密なコミュニケーションを取っている。一方で、ここ以外の関わりも増やしていきたい。例えば中国では、現地のメーカーと組んで新たな市場を開拓しようともしている。

2019年に（中国資本の）エンビジョンAESCという会社になり、日産・NEC傘下のときより開発や生産面での対応力が非常に高まっている。われわれ（の本拠地）は日本にある。日本の品質や安全性の高さと中国のスピード感をうまく融合させていきたい。米国（の生産拡大について）は地政学的な側面もあり、いろいろ手を考えるしかない。

（聞き手・横山隼也）

松本昌一（まつもと・しょういち）
早稲田大学理工学部卒業。１９８３年４月、日産自動車入社。グローバルＥＶ本部や中国東風汽車有限公司などを経て、２０１９年４月から現職。エンビジョンＡＥＳＣジャパンのＣＥＯも兼務。

「電動化の行方を慎重に読む」

ビークルエナジージャパン　CEO&COO・池内　弘

IT革命時とは比較にならない、とんでもない物量の電池が必要とされていることを日々実感している。

日立系の電池会社を源流とする当社はハイブリッド車（HV）向けの電池が柱で、主要顧客は日産自動車、仏ルノー、米フォードの3社だ。20年発売された日産の「ノート」e-POWERにも採用された。

ここ1~2年は毎年のように生産増強をしている。20年は京都にHV年間20万台分の電池の生産棟を新設。足元ではもともと日立製作所のテレビ用に使われていた岐阜の生産ラインを電池用に整備し、22年春には量産を開始する予定だ。

車の電動化は、一足飛びにＥＶが主流にはならない。少なくとも２０２０年代はＨＶが主流になり、しかも４８ボルトのマイルドＨＶからより出力の高いフルＨＶへ移行していく。搭載する電池の数は、前者が十数個なのに対し、後者は１００個ほどと多く、コストにして1台数十万円。１００万円以上かかるＥＶと比べれば安いが、これをどこまで劇的に下げられるかが課題だ。ＨＶ用の電池はＥＶ用と違って日本の技術的な優位性が非常に高い分野だ。国内外の顧客から旺盛な引き合いがある。最近、中国企業もＨＶ用の電池に参入し始めたが、実績は乏しい。

もちろんＨＶ向けだけ考えていればいいわけでもない。最近はＥＶ向けの電池を作ってほしいという声もある。ただし、ＥＶだけに傾注するのは危ない。先の動きを読みつつ、ビジネスとして失敗しないように動けるかという発想はつねに持っておくべきだ。

（聞き手・印南志帆）

池内　弘（いけうち・ひろし）

1962年生まれ。85年に三洋電機入社。2013年にパナソニック車載事業の欧州副社長に就任し、海外自動車メーカーを開拓。15年にジャパンディスプレイ執行役員。18年にマクセルHD執行役員。21年10月から現職。

パナソニック「慎重すぎる」電池戦略

「本邦初公開、これが『4680』の現物です」

2021年10月下旬、パナソニックで電池事業を展開するエナジー社の只信一生社長は東洋経済などの取材に応じ、箱の中から1本の電池を取り出した。満面の笑みで披露したのが、開発中の新型電池「4680」だ。

4680とは、パナソニックの電池事業の主要顧客である米テスラが構想し、2020年に発表した新型の電池だ。現在パナソニックがテスラ向けに量産する「2170」に比べ、電池容量が5倍、出力が6倍になるうえ、パック化せずに車体に直接組み込むことができるため、工程を減らして大幅なコスト削減が可能だ。

4680の開発は、パナソニックのほかにテスラに電池を供給する韓国LGエナジーソリューションなども進めているが、只信氏は「テスラの強い要望でやっている」とテスラからの期待の高さをアピールする。

車載電池で世界シェア3位、国内最大手のパナソニックだが、複数の自動車メーカーに電池を供給する中国ＣＡＴＬやＬＧなどの大手電池メーカーとは異なり、供給先はテスラが柱だ。

大規模な投資合戦とも距離を置く。パナソニックは21年、100億円を投じて、テスラと共同で運営する米ネバダ州の工場の生産能力を従来比1割増の年間38〜39ギガワット時（ＧＷｈ）まで引き上げた。日本の10ギガワット時と合わせれば合計50ギガワット時相当になる。その先の計画は公表しておらず、ＣＡＴＬが23年に420ギガワット時、ＬＧが25年に430ギガワット時と投資を拡大する計画を掲げる中、慎重な印象は否めない。

■中韓に比べ投資に慎重なパナソニック
—大手電池メーカーの累計生産能力（計画含む）—

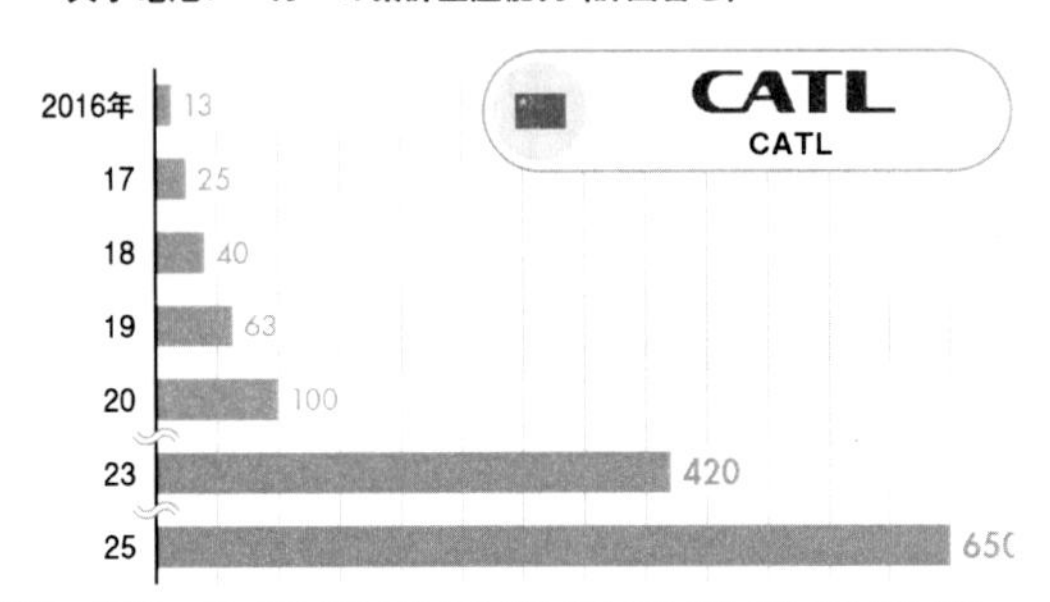

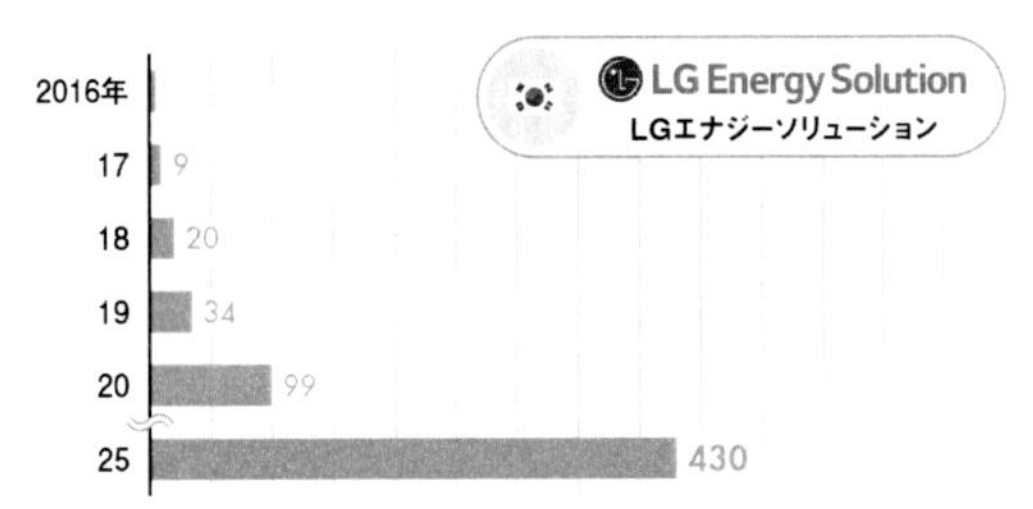

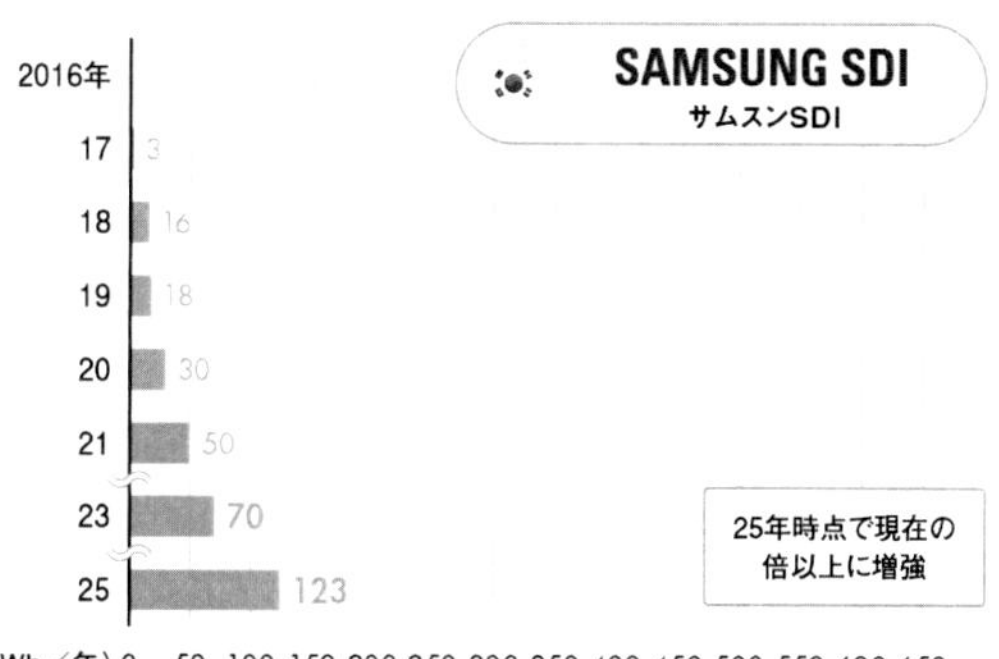

(注)小数点以下第1位を四捨五入。パナソニックの生産量は米ネバダ州のギガファクトリーのみの数値
(出所)経営コンサルティング会社アーサー・ディ・リトル・ジャパンの調査を基に東洋経済作成

テスラ以外に供給先を増やすこと自体に慎重だ。10月下旬、米アップルが開発中のEV電池の調達先としてパナソニックを検討対象にしていると報道された。これについて只信氏は「主力のテスラ以外のところでリソースを分散させずにできるならば、（供給先の）拡大の可能性は否定しない」と、テスラ優先の姿勢を強調する。

パナソニックの「テスラ第一」の姿勢は、電池の合弁会社を通じて協業するトヨタ自動車に対してすら揺るがない。10月中旬、トヨタは米国に電池工場を建設すると発表した。新工場の運営を担う新会社は、トヨタが9割、豊田通商が1割出資するトヨタグループ単独運営の形を取る。ここに、トヨタとパナソニックの電池合弁会社、プライム プラネット エナジー&ソリューションズ（PPES）は参加しない。

その理由について只信氏は「トヨタの戦略なので、コメントする立場にない」と述べるにとどめた。一方のトヨタは、パナソニックがテスラ向けの事業に集中する中で調整に時間を要すると判断し、トヨタグループのみで進出することを決めたもようだ。

大規模投資の高ハードル

パナソニックがトヨタとの投資を躊躇してまでテスラを重視するのはなぜか。

理由の1つには、テスラ向け以外に追加で投資をする余裕がないという、苦しい懐事情がある。影響しているのが、パナソニックが22年春に予定する持ち株会社化を見据えて断行中の組織再編だ。従来は各事業を社内カンパニーとして設置してきたが、持ち株会社体制の下では各事業を子会社として独立させ、権限を委譲する。車載電池事業は、民生用や産業用の電池事業などとエナジー社に入る。

従来の「基幹事業」といった事業ごとの位置づけも廃止する。組織再編が具体化する前まで、車載電池を含む電池事業はパナソニックの基幹事業になるはずだった。だが、10月に開催された経営方針説明会で楠見雄規社長は「各事業がそれぞれ競争力を強化し、横並びで成長を狙う」と語った。結果、巨額の資金がかかる車載電池では「事業会社として大胆な投資を決断しにくいのでは」（パナソニック幹部）との指摘もある。

パナソニックは17年に稼働した米ネバダ州のギガファクトリーに約2500億円の投資をしたが、ここには15~18年度に通常の事業予算とは別枠で設けられた1兆円の戦略投資枠が用いられている。新体制の下で、こうした特別扱いは難しい側面がありそうだ。

懸念されるのは、年内の稼働を目指すテスラの米テキサス工場や独ベルリン工場に向けてすら、パナソニックがそもそも電池を供給するのか否か判然としないことだ。

パナソニックが慎重な姿勢を取り続けているうちにライバルの中韓電池メーカーは着実に実績を積み、コスト競争力をつけている。実際、もともとパナソニック1社が供給していたテスラ向けの電池は今、CATLとLGを含めた3社供給体制になっている。

パナソニックは物量やコストではなく「技術、材料、ものづくりで差別化をして貢献していく」(只信氏)と主張する。だが、これまで車載電池市場で評価されてきたのは、自動車メーカーが必要な物量を確保できることと、コスト競争力だった。社内では「コスト競争で負けが濃厚になる前に、シェアを確保するため自動車メーカーと組んで投資を決断すべきだ」(電池事業幹部)との声もある。

EV需要が膨らみ、競合が大規模投資を連発する中、パナソニックの慎重すぎる投資判断はむしろリスクとなりつつある。持ち株会社への移行理由である機動性を発揮できるかが問われる。

(劉　彦甫)

電池部材「中国が席巻」…でも悲観は不要だ

かつて日本メーカーの独壇場といわれた電池部材市場に、この数年で異変が起きている。中国メーカーが台頭してシェア上位を占め、押される形で日本メーカーのシェアが縮小しているのだ。

車の電動化を背景にリチウムイオン電池の需要は急拡大している。それに伴い、電池に用いられる主要4部材であるセパレーター、正極材、負極材、電解液を生産する化学メーカーにもかつてない引き合いがある。ただ出荷量で比較すると、中国部材メーカーとの差が広がっている。

日本の「お家芸」ともいわれてきたセパレーターも例外ではない。セパレーターとは電池の正極と負極を分離し、微細な穴からリチウムイオンを行き来させる重要な部材だ。2010年代半ばまでは旭化成や東レといった日本メーカーの総出荷量が世界の過半を占めたが、今や中国メーカーを下回る。

テクノ・システム・リサーチの調査によると、20年のセパレーターのシェア1位は上海エナジーの22％で、2位につける旭化成のシェア11％の2倍。16年に約1億平方メートルだった出荷量は20年に約11億平方メートルへと急拡大。その間、旭化成や東レも出荷量を2倍に拡大させているが、大差がある。

こうした中国メーカーの強さの理由が価格の安さだ。ある業界関係者は「日本メーカーの半値以下で出荷しているようだ」と指摘する。電池市場において、価格の安さは大きな競争力を生む。電池はEVであれば車体コストの3～4割を占める高額な部品だ。自動車メーカーは電池のコスト減を進めており、電池部材メーカーに対する価格要求は年々厳しくなっている。日本の材料メーカーは価格競争力で中国に敗北してしまうのか。

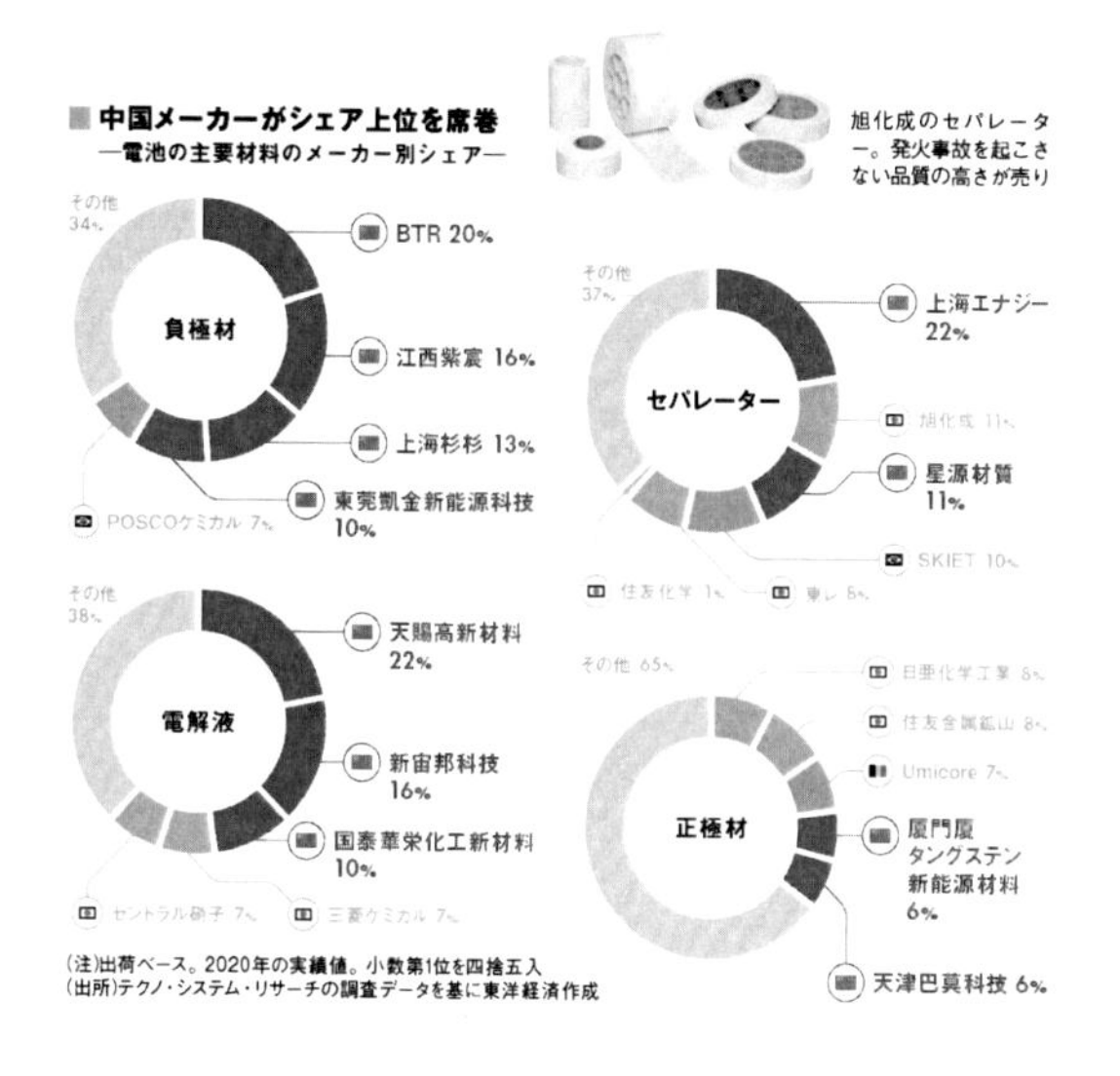

旭化成のセパレーター。発火事故を起こさない品質の高さが売り

狙うセグメントは異なる

「中国メーカーとは狙っているセグメントが違うので（世界シェアでの勝ち負けは）気にしていない」。そう言い切るのは、旭化成でセパレーター事業を展開する福田明グローバル戦略担当部長だ。電池部材には、安さよりも重要な競争軸がある。品質の高さだ。

セパレーターの場合、正極材と負極材を隔てることにより、電池がショートして発火するリスクを防ぐ役割がある。そのため品質の高さは電池の安全性に直結する。さらに薄ければ薄いほど、車の航続距離を左右する電池容量を増やせる。こうした細かな作り込みは、日本の得意分野だ。福田氏は「今まで製品に起因する安全上の事故を起こしたことがない。安心・安全性は差別化要素になる」と自信を見せる。

住友化学は独自技術でアラミドを塗工し、耐熱性を400度に高めた。薄膜化にも成功し、「当社が最も耐熱性が高く、薄いセパレーターを作れる」（電池部材事業担当の尾崎晴喜部長）。

事実、日本と中国のセパレーターの出荷先には明確なすみ分けがある。日本の部材メーカーが日本や韓国の電池メーカーを主な顧客とするのに対し、中国メーカーは中国国内の電池メーカー向けが柱だ。中国の自動車メーカーが優先的に採用するのが中国の電池最大手・寧徳時代新能源科技（CATL）の電池。CATLは現地メーカーの電池部材を積極的に採用するという構図がある。中国の電池部材メーカーの急激なシェア拡大は、世界に先んじて拡大する中国のEV市場が支えている。

対する旭化成や東レ、住友化学などの顧客はパナソニック、韓国LGエナジーソリューション、サムスンSDIなど。欧米や日本などの車種に搭載される電池に採用されているようだ。中国自動車メーカーはそもそも狙いの対象外となっている。同様のことはほかの電池部材メーカーにもいえる。

日本の部材メーカーにも課題はある。その1つが、電動化を進める自動車メーカーの動向を見極めて、設備投資のタイミングや規模を決める難しさだ。自動車各社は中長期での電動化計画を掲げているが、欧州や中国で電力不足問題が顕在化し「21年の夏ごろから、これまで掲げてきた急速な電動化を見直す自動車メーカーも出てきた」（業界関係者）。部材メーカーが増産投資をしても、実需が伴わず工場の稼働率が上がらない事態は避けたい。部材メーカーには先を読む力が求められている。

（奥田　貫）

「正極材」で光る住友金属鉱山

1590年創業。住友グループの源流企業である住友金属鉱山。同社が気を吐くのが、自動車の航続距離に直結する重要な電池部材、正極材の開発・生産だ。

正極材に占める住友金属鉱山の世界シェアは2020年の出荷量ベースで世界2位。割合にして1割ほどだ。ただ米テスラの電池などで採用されている正極材、ニッケル酸リチウム（NCA）に限れば約6割に跳ね上がる。主要顧客はNCAがパナソニック、車載電池で主流の3元系正極材は主にトヨタ自動車の電池子会社・プライムアースEVエナジーに供給されている。

ほかの電池部材と同様、正極材でも中国勢の台頭は著しい。その中にあっても同社が市場で一定の優位性を築けているのには理由がある。

1つは「3事業連携」。同社は金属資源・製錬・材料の各事業を一貫して行う。正極材の主原料であるニッケルはフィリピンに鉱山権益を保有している。それを自社で製錬、加工し正極材を作る。ニッケルを安定的に確保できるうえ、製錬工場から電池材料工場まで少ない工程で運ぶことができ、コスト的に優位になる。この3事業連携は世界でも同社のみのビジネスモデルだ。

2つ目が品質。同社の正極材が初めて搭載されたのは、トヨタが02年に発売した2代目プリウス。約20年間ノウハウを積み上げてきた。同社の阿部功・常務執行役員・電池材料事業本部長は「重要なのはすり合わせ技術。品質管理のノウハウを含め、中韓勢には負けない」と自信を見せる。

今後は、顧客の動きをにらみつつ、要請次第で海外への進出も検討していくという。

（並木厚憲）

検証！　夢の全固体電池の実力

ＥＶ（電気自動車）の競争力を飛躍的に高める〝夢の電池〟――。そう期待されてきた次世代電池の筆頭格が、全固体のリチウムイオン電池だ。

全固体電池とは、電池の正極と負極の間にあり、リチウムイオンが移動して電気を流す「電解質」に、現在使われている液体ではなく固体の材料を用いたものだ。

これが実用化されれば、航続距離や電池の寿命を延ばし、充電時間を短縮し、電池を燃えにくくするなどの利点がある。ＥＶの抱える課題の解決につながるとあって、開発競争はここ数年激しさを増してきた。電池メーカーや自動車メーカーに加え、素材メーカーやスタートアップ企業も相次ぎ参入している。関連特許の出願数などで先頭集団を引っ張るのは、日本のトヨタ自動車だ。

が、そのトヨタから衝撃的な発表があった。「現時点では、全固体電池をハイブリッド車（HV）に活用することが性能的にはいちばん近道だ」。2021年9月に同社が開催した電池戦略の説明会。登壇した前田昌彦チーフ・テクノロジー・オフィサー（CTO）は、トヨタが2020年代前半の実用化を目指す全固体電池を、EVではなくまずHV向けに投入する方針を明らかにした。全固体電池はイオンの動きが速く、充電・放電が速いことから、HV向けの電池として適しているというのが理由だ。

EVへの搭載に重大課題

一方、EVへの投入については「技術課題がかなりある」（前田CTO）とし、早期の実用化には慎重な姿勢を示した。

課題は大きく2つ。EVに搭載するにはエネルギー密度がまだ十分でないこと。そしてもう1つが、電池の寿命に問題があることだ。そもそも全固体電池は長寿命なのがメリットとされていたはずだ。いったいどういうことなのか。

原因は、電池の充放電を繰り返すことで固体の電解質が収縮し、電極に用いられる材料との間に隙間が生じてしまう点にある。すると、イオンが正極と負極の間を通りにくくなってしまい、電池の劣化が進む。

この課題解決に向けて、トヨタは隙間の発生を抑える材料を開発中だ。前田CTOは「新材料を見つけられれば（実用化が）すごく早まる可能性があるし、見つからなければ時間がかかる。正直、楽観できる状況ではない」と話す。全固体電池の開発でトップを走るトヨタですら難儀するところに、この技術の難しさが透けて見える。

全固体電池をHVから採用するというトヨタの判断について、車載電池に詳しい名古屋大学の佐藤登・客員教授は「HVでは電池容量の40~60%の中央部分で小刻みに充放電を行うので、電池容量を広範囲で使うEV用と比べて、電池の膨張収縮が緩和される。その結果、電池の劣化が抑制されるため、合理的な判断だ」と話す。

経営コンサルティング会社のアーサー・ディ・リトル（ADL）・ジャパンの粟生真行プリンシパルも「全固体電池の市場実績を積むという点で、HVから投入することは手堅い」と評価する。

実用化に向けた課題は、エネルギー密度や寿命の短さだけではない。全固体電池の開発を支援する国立研究開発法人「新エネルギー・産業技術総合開発機構（ＮＥＤＯ）」によれば、全固体電池のメリットとされる燃えにくさや出力性能の高さなども、実際の電池で実現できるかは検証中の段階だという。航続距離の長さにつながるエネルギー密度も現行のリチウムイオン電池と変わらない。

現時点で確かなのは、「高温で劣化しにくい」（ＮＥＤＯの古川善規スマートコミュニティ・エネルギーシステム部部長）という点だけだ。

開発中の全固体リチウムイオン電池（左が圧粉型、右2つが塗工型）

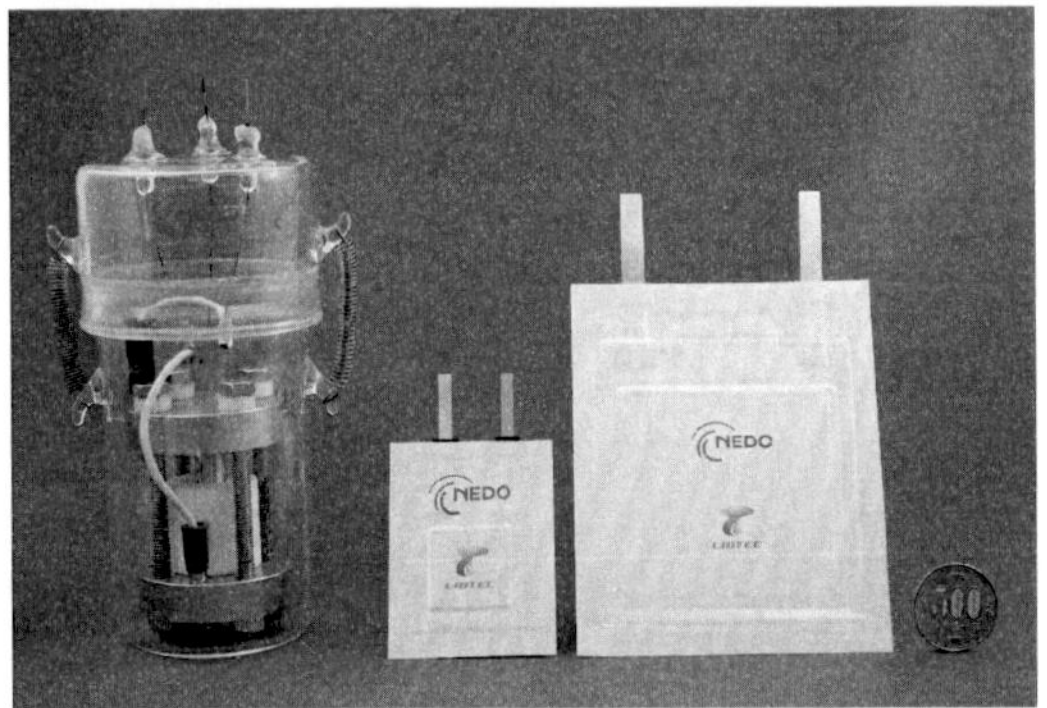

写真：NEDO

製造技術にも難しい課題がある。全固体電池に用いられる硫化物系の電解質は、水と結合すると有害な硫化水素が発生する。そのため、製造設備では空気中の水分と反応しないよう厳密に湿度を管理する必要があり、コストがかさむ。

ＮＥＤＯの古川氏は「全固体電池はゲームチェンジにつながる技術ではあるが、量産効果でコストを下げて、徐々に現在の電池を置き換えていくシナリオにならざるをえない」と語る。同機構では市場シェアにおいて２０年代半ば以降に現行の電池から全固体電池にシフトするというロードマップを掲げてきたが「今のところ遅れ気味だ」（古川氏）という。

写真：トヨタ自動車

トヨタが開発中の
全固体電池

■ 理論上は可能だが、実現できていない特徴も
—現在わかっている全固体電池の特性—

期待される主な特性	現時点で実証されているか
燃えにくい	課題が残る
高温下でも安定している	◎
寿命が長い	課題が残る
エネルギー密度が高い	現行の電池と同等
高速の充放電が可能	◎

100億円の予算をつけたこのプロジェクトでは、リチウムイオン電池の研究を行うリブテックを中心に行われている開発に、トヨタのほか、20年代後半に全固体電池の実用化を目指す日産自動車やホンダも参画している。プロジェクトの最終年度は22年度で、足元では開発された第1世代の試作品の性能を評価中だという。

海外でも、全固体電池の実用化に向けた動きは活発だ。いち早く、22年10〜12月期にも全固体電池を搭載したEVを投入すると発表しているのが中国の上海蔚来汽車（NIO）だ。同社は、フラッグシップモデル「ET7」で150キロワット時の電池を搭載したモデルを発売する計画だ。航続距離は1000キロメートル超と、ガソリン車に負けない長距離を走れる。ただ、NIOが開発中の全固体電池について日本の電池技術者たちは「全固体というよりは、電解質がゲル状の『半固体電池』なのではないか」と口をそろえる。

欧米の自動車メーカーも、勃興する全固体電池のスタートアップ企業へ出資し共同で実用化を狙っている。独BMWや米フォード・モーターは、全固体電池を開発する米ソリッドパワーに出資し、供給を受ける計画だ。

独フォルクスワーゲン（ＶＷ）も、新興の米クアンタムスケープと共に２４年には全固体電池の商用生産を始め、２５年以降に量産型のＥＶを発売する予定だ。両社は年内にも全固体電池の試験生産ラインの建設場所を決定する方針だ。生産能力は当初は年間1ギガワット時（GWh）から始め、将来20ギガワット時を追加する計画。２１ギガワット時はＥＶの台数に換算すると、数十万台分を賄える生産能力だ。

ＶＷによれば、自社のＥＶに搭載すれば航続距離を3割延ばせ、４５０キロメートル分を充電するのに必要な時間は現在の半分以下の１２分に減らせるという。ＶＷで電池開発を率いるフランク・ブローメ氏は「全固体電池はリチウムイオン電池開発の最終決戦だ」と断言する。

今後の焦点は、全固体電池のコストを現行の電池と比べてどこまで引き下げられるかだ。既存のリチウムイオン電池も進化を続けている。ＶＷは液系リチウムイオン電池の低コスト化にも取り組んでいて、３０年までに現行比で半減が目標だ。ＥＶ販売世界首位の米テスラもコスト半減を目指して新型電池「４６８０」の開発を進める。

ＡＤＬジャパンの粟生氏は「全固体電池のＥＶ向け投入は、コスト・性能等で大きな優位性がない限り市場の訴求力が弱く、現時点では難しい」と指摘する。

全固体電池が車載電池の真のゲームチェンジャーになるためには、現在のリチウムイオン電池を圧倒的にしのぐ性能と価格競争力が求められそうだ。

（木皮透庸）

充電器を日本で普及させるカギ

「今日は偶然すいていているタイミングで利用できてよかった。この時間帯は、いつも混んでいるんですよ」

10月下旬のある休日。行楽日和となったこの日、神奈川県の海老名サービスエリア（SA）で自動車用の充電器を利用していた60代の女性はそう語った。同SAには3基の急速充電器が設置されており、ほかのSAと比べれば多いほうだ。それでも、女性はこれまで何度も「充電渋滞」に巻き込まれたことがある。設置された急速充電器の利用時間は上限30分で、混み合えば長時間の待機も覚悟する必要がある。

EV（電気自動車）が日本で普及しない理由の1つに、充電インフラの不足がある。地図データのゼンリンによれば、国内には約2万1000基の普通充電器と、約

7900基の急速充電器が設置されている（2020年度末）。国内のガソリンスタンド数とほぼ同じくらいだ。経済産業省はグリーン成長戦略の一環として、30年までに15万基（うち3万基が急速充電器）と、充電器数を現在の約5倍に拡大する方針を掲げている。

ただ、課題は山積している。まず、設置状況には地域ごとのばらつきがある。首都圏や名古屋、大阪の都市部では10キロメートル四方に10基超の急速充電器があるのに対し、東北地方や北海道には同範囲でゼロ基の「空白地帯」が点在する。一方で、右肩上がりで増えてきた充電器数は20年度に初めて減少した。老朽化した普通充電器が、稼働率が低いなどの理由で更新されなかったのだ。

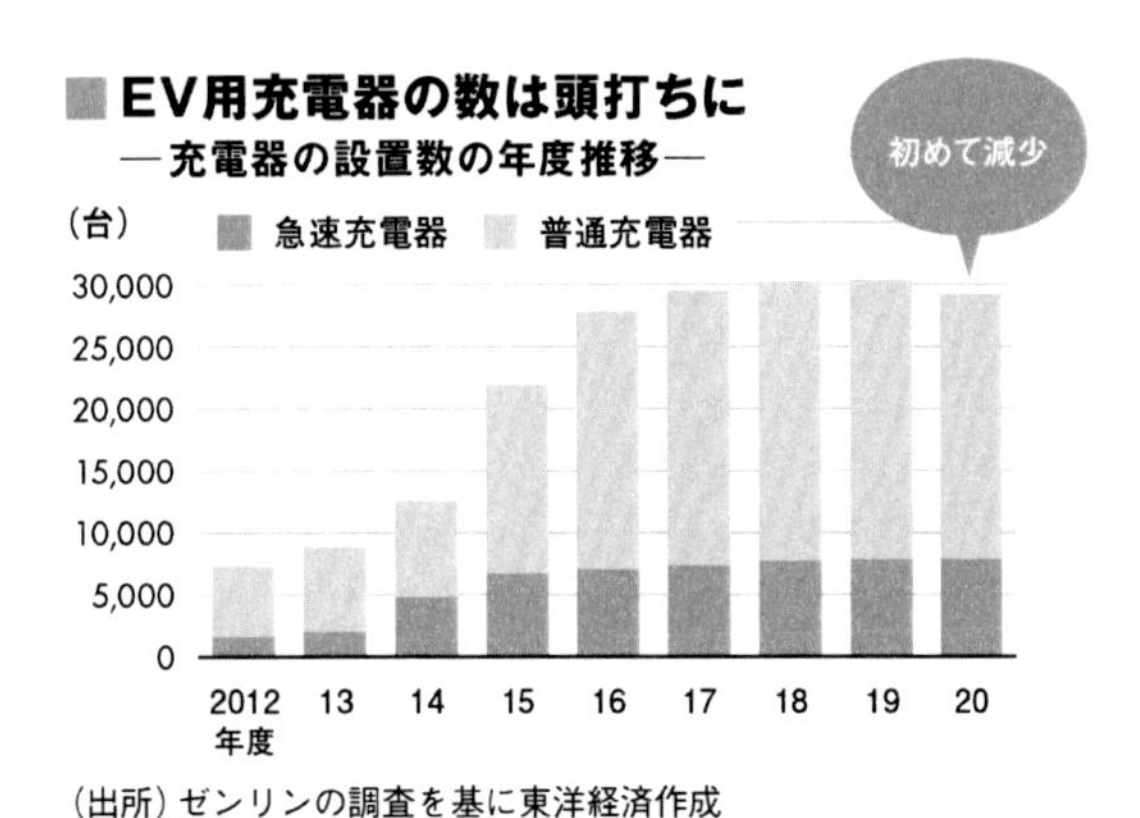

(出所)ゼンリンの調査を基に東洋経済作成

普及のカギは普通充電器

課題解決の1つのカギは、普通充電器の普及拡大にある。急速充電器は普通充電器より充電時間が短いが、本体価格が200万円以上で設置工事費も高い。一方の普通充電器は3000円台のコンセント型など手軽な製品もあり、導入のハードルは低い。満充電まで6～8時間かかるが、自宅などで車を使わない夜間に充電できれば、充電時間の長さは問題にならない。

急速充電器の規格を定めるチャデモ協議会の吉田誠・事務局長は「日常生活では1日の走行距離が10キロメートルほどという人も多い。自宅で週2回普通充電すれば不便なく乗ることができるだろう。対して、急速充電器は遠出や非常時のための利用を想定すればいい」と語る。

急速充電器の普及も新たな局面に入っている。吉田氏は「どこに優先的に設置すべきなのかを取捨選択する段階だ」と指摘する。充電需要の高い場所に設置することで、利用者の不便を解消するのみならず、稼働率を上げて充電器事業がビジネスとして成立するように変えていく必要があるからだ。

充電サービスを展開するイーモビリティパワーは、需要が高い都市部の充電器数を増やすため、6月から公道に急速充電器を設置する実証実験を横浜市で行っている。公道への設置は、欧州などでは一般的だ。都市部では充電器の設置スペースが限られ、自宅設置が難しい集合住宅に住む人の率も高い。公道は貴重な充電場所になる。

自動車業界では「われわれは車が集まる場所や走行経路のデータをコネクテッド技術で入手しており、充電器の設置場所を決めるうえで協力できる」（自動車会社幹部）との声もある。

充電器の効率的な設置には、業界を挙げた連携が必要だ。

（井上沙耶）

INTERVIEW　ノーベル賞科学者が警鐘！

「日本の電池は崖っぷちだが、焦らず25年以降を見据えよ」

旭化成　名誉フェロー・吉野　彰

1985年にリチウムイオン電池を発明し、車の電動化の礎を築いた吉野彰氏。今、電池をめぐる世界的な動きをどう見ているのか。

――車載電池に巨大な需要が生まれています。

EV（電気自動車）化の大きな流れは間違いなく来ている。これまでEV大国は中国だったが、今はEU（欧州連合）が追い抜き、世界をリードしている。米国もバイデン政権に替わり、EV化に突き進んでいる。

一方、日本の自動車業界はEV化に慎重で、完全にガラパゴス状態だ。かつてはエコカーというとプリウスに象徴される日本のHV（ハイブリッド車）だったが、役目は十分に果たした。ここにしがみついていても仕方がない。このままでは、日本の車は海外に輸出できなくなってしまう。

国内の車載電池市場が小さいものだから、日本の電池メーカーは崖っぷちだ。海外の自動車メーカーに頼ることで、かろうじて健闘している。

――日本は「崖っぷち」からはい上がれるのでしょうか。

EVが主流になるまでのロードマップで、今はまだ第1コーナー手前。先頭を切っていなくていい。本当の勝負どころは2025年からだ。欧米の自動車メーカーが中韓の電池メーカーから電池を調達しているのは、25年までを見据えた動き。日本の電池は崖っぷちだが、中韓勢が今、何千億円もの投資をしたからといって焦る必要はない。まあ、危機感は持ってほしいけれどね。25年以降にどう動いていけるかが1番のポイントだ。

――25年以降、EV化の潮流が変わると。

そのとき走り回っている車は今売られているEVではないだろうね。自動運転やシェアリングなど新しい技術と融合したEVに変わっていく。ここでどんな特性を持つ電池が必要とされるか、という目で先を見るべきだ。

25年以降をにらんだ動きはすでに出てきている。これまでの電池は（車の航続距離を決める）エネルギー密度の高さが重視されてきた。それが二極化している。

──二極化とは?

エネルギー密度はほどほどだが、充電を繰り返してもへたらない耐久性のある電池が欲しい、という需要が出てきた。

きっかけは米テスラだ。これまで「エネルギー密度が低くてEVには使えない」と思われてきたリン酸鉄系の電池を（中国で生産するEV向けに）採用してから、一気に業界の流れが変わった。

──EU加盟国や米国は、国を挙げて電池産業を創出しようと支援しています。

EUは間違いなく電池産業を起こすつもりだ。日本政府も支援を拡充しようとしているところだが、理想をいえば民間でやったほうがいいね。巨額の投資が必要な工場などの立ち上げ時には公的な支援があったほうがいいが（補助金頼みだと）ぬるま湯につかってしまう。

中国の電池メーカーを見てほしい。北京では政府の支援で無数の電池メーカーが新しくできたが、そこに頼りすぎて実力勝負が必要なときに通用せず、ことごとく潰れてしまった。

かといって、電池メーカー単独で数千億円の投資をするのはしんどい。自動車メーカーと一体になって動いていくことが必要だろう。

（聞き手・印南志帆）

吉野　彰（よしの・あきら）

1948年生まれ。京都大学大学院工学研究科修了。72年旭化成工業（現旭化成）入社。85年にリチウムイオン電池を開発。2005年に大阪大学大学院博士（工学）。同年に吉野研究室室長。17年から現職。19年にノーベル化学賞受賞。九州大学栄誉教授。

電池関連「大本命」の日本株15銘柄

SBI証券 企業調査部長・遠藤功治

全世界的に自動車各社の電動化戦略が活発になっている。日本でも、EV（電気自動車）に比較的慎重といわれていたトヨタ自動車でさえ、9月に電動化戦略の説明会を開催。2030年までに少なくとも世界で電動車を800万台（現在の4倍）販売し、うちEV・FCVが200万台（現在は限りなくゼロに近い）を占める計画を発表。トヨタの世界販売台数に占める電動車比率は、40年には約87％まで高まる。この電動車の販売増が、各電池メーカーの今後の業績を占う最大のカギとなる。

ホンダも三部敏宏新社長が40年までに新車の100％をEV・FCVにすると発表。日産自動車は初代リーフを10年に市場投入してから11年。経営再建の中で必ずしも満足のいく結果を得られていない。今後のｅパワーとＥＶの両面作戦、仏ルノーや三菱自動車とのアライアンスの行方が注目される。

自動車各社の電動化戦略を左右するのが、電池の調達だ。適正な価格で高品質の電池を調達することは、車の競争力に直結する。次表はこうした状況下で今後有望と思われる電池関連銘柄の一覧である。自動車、自動車部品、電池材料などのメーカーが並ぶ。実は日本は、電池自体のメーカーが多いわけではない。一方電池材料となると、化学メーカーを中心に世界トップ級の企業が数多く存在する。

期待大は電池材料を手がける化学メーカー
—車載電池関連の注目15銘柄—

テーマ	証券コード	企業名	注目点
EV	7201	日産自動車	**2022年にはアリアと軽のEV**を投入する予定で、eパワーとEVの両輪で電動化を推進
	7203	トヨタ自動車	**2030年にEV・FCVを200万台投入**する計画。電池容量は現在の33倍の200GWh以上を確保
	7267	ホンダ	**2040年までに新車の100%をEV・FCV化**する計画。米国市場向けに米GMと電池を共同開発。24年にもSUVタイプの新型EVを発表
車載電池	6201	豊田自動織機	新型アクアに**初のHV用バイポーラ型ニッケル水素電池**が採用される。リチウムイオン電池(LIB)にもバイポーラの技術を展開
	6502	東芝	**負極材にチタン酸リチウムを採用した「SCiB」に注力。**高安全性、急速充電、長寿命などの特色を持ち、マイルドHVなどに採用。より高容量の電池を開発中
	6674	GSユアサ	三菱自動車のEV向け電池を中心としたリチウムエナジー ジャパンと、ホンダ・トヨタのHV向け電池中心のブルーエナジーの2社を持つ
	6752	パナソニック	角形電池事業をトヨタとの合弁会社に移行し、現在は**米テスラ向けの円筒形電池に注力。**希少金属であるコバルトの使用量の削減で業界をリード
電池材料	3402	東レ	**大容量の次世代LIB向けセパレーターを開発。**電池メーカーなどと共同開発し、3～5年後の製品化を目指す
	3407	旭化成	**LIBセパレーターの生産能力を増強中。**宮崎県日向市の新工場棟を増設し、2023年度上期に商業運転開始予定
	4004	昭和電工	**LIB用負極材は、買収した昭和電工マテリアルズが国内最大手。**LIB用アルミラミネートフィルムのSPALFは、韓国メーカー向けに需要堅調
	4005	住友化学	**米テスラ向けに独自のアラミドコーティングセパレーターを供給。**EV用セパレーターの世界シェアは約20%。正極材では全固体電池向けの開発を進める
	4023	クレハ	**LIB用正極バインダーで世界シェア4割とトップ。**日本と中国で年産1万1000トンの能力を有する
	4061	デンカ	**車載用LIBの正極導電性付与材として使用されるアセチレンブラックを手がける。**超高純度品として、電池収率が高いのが特長
	4208	宇部興産	**LIB用乾式法セパレーターでは、日系自動車向けを中心に供給。**競争が激化している電解液は三菱ケミカルとの合弁で収益改善を図る
	6619	ダブル・スコープ	LIBのセパレーター専業メーカー。**韓国サムスンSDIとの長期契約を中心とした需要拡大により、生産能力増強中**

(出所)SBI証券の調査を基に筆者作成

トヨタ関連株に着目！

有望銘柄としてまず挙げられるのが、トヨタに電池を供給するメーカーだ。同社は日中計8社から電池の供給を受ける。中でも注目されるのが、パナソニック、東芝、豊田自動織機、ＧＳユアサだ。

パナソニックは持ち分法適用の2つの合弁企業、プライムアースＥＶエナジー（ＰＥＶＥ）とプライム プラネット エナジー&ソリューション（PPES）を通じてトヨタに電池を供給している。電池事業の拡大による収益貢献という点では長らく株式市場からの期待を裏切ってきたパナソニック。ただ、今後はトヨタの電池需要の拡大次第では再評価される局面もあるのではなかろうか。さらに、パナソニック本体の主要顧客・米テスラと共同開発中の新型電池「４６８０」や、欧州の電池工場新設などが今後の焦点となりそうだ。

東芝もトヨタ向けに供給する1社だ。経営をめぐって物議を醸してきた同社だが、電池に関しては有望銘柄だ。東芝が開発する電池「ＳＣｉＢ」は安全性が高い点に特長があるが、さらにエネルギー密度の高い次世代製品も開発中だ。

豊田自動織機はフォークリフトの物流部門と、カーエアコン用コンプレッサーが主な収益柱だった。ただ、7月に発売された新型アクアのHV用電池に、同社製の電池が初めて採用された。それも「バイポーラ型ニッケル水素電池」という唯一無二の技術である。従来HVに用いられてきたニッケル水素電池に比べて構造がシンプルで、大容量の電流を一気に流すことができるのが特長だ。低コストで安全性も高い。アクアに続き、第2、第3の車種に搭載される予定だ。リチウムイオン電池への展開も予定され、一躍トヨタの主要電池サプライヤーの1社になった。

GSユアサは鉛電池を主軸とする電池メーカーだが、三菱自向けを中心としたPHEV、EV用電池を生産するリチウムエナジー ジャパンと、ホンダ・トヨタ向けHV用電池を生産するブルーエナジーの2つの子会社を持つ。両事業は、これまで設備投資と研究開発費の負担が大きくたびたび赤字に転落してきたが、20年度から黒字に転換。ブルーエナジーは2年後に現在の2・5倍の生産能力を持つ新工場が完成する予定で、HV用を中心とした電池の売り上げ拡大を目指している。

要注目が、電池材料の世界市場でシェア上位に入っている日系化学メーカーだ。とくに電池用のセパレーターでは有力な日本メーカーが多い。旭化成はセパレーターで世界首位グループの一角で、足元でも生産拡大に邁進している。車載用のみならず、中国メーカーとの合弁会社を通して需要が拡大しているエネルギー貯蔵システム（ESS）向け電池の乾式セパレーターを拡大させていく。

東レは負極材を金属リチウムにすることで、従来の2〜3倍の大容量を誇る次世代セパレーターを開発中だ。住友化学はテスラ向けにアラミドコーティングセパレーターを供給しており、子会社化した田中化学研究所を通して正極材の生産能力を拡大している。次世代電池として注目される全固体電池の研究も進めている。ダブル・スコープも、韓国サムスンSDIとセパレーターの長期契約を結び、大幅な売り上げ拡大を狙っている。

日本の電池産業の今後は、こうした化学メーカーの技術力に期待が持てそうだ。

遠藤功治（えんどう・こうじ）

1984年に野村証券入社。SGウォーバーグ、リーマンブラザーズ、クレディ・スイスなどに勤務し、証券アナリスト歴37年。うち自動車・自動車部品に34年間携わる。16年から現職。

【週刊東洋経済】

本書は、東洋経済新報社『週刊東洋経済』2021年11月27日号より抜粋、加筆修正のうえ制作しています。この記事が完全収録された底本をはじめ、雑誌バックナンバーは小社ホームページからもお求めいただけます。

小社では、『週刊東洋経済eビジネス新書』シリーズをはじめ、このほかにも多数の電子書籍ラインナップをそろえております。ぜひストアにて「東洋経済」で検索してみてください。

『週刊東洋経済eビジネス新書』シリーズ

No.376　脱・ストレスの処方箋
No.377　働き方と経営の法律
No.378　コロナ倒産危機
No.379　車載半導体　争奪戦
No.380　マルクス　vs.　ケインズ

No.381　医療テック最前線
No.382　漂流する東芝
No.383　不動産投資　光と影
No.384　コンサル全解明
No.385　大転換の商社ビジネス
No.386　会社とジェンダー
No.387　全解明　経済安全保障
No.388　ソニー　掛け算の経営
No.389　2050年の中国〔前編〕
No.390　2050年の中国〔後編〕
No.391　相続の新常識
No.392　無敵の文章術
No.393　物流　頂上決戦
No.394　すごいベンチャー2021〔前編〕

No.395　すごいベンチャー2021〔後編〕
No.396　米国株 超入門
No.397　ビジネスと人権
No.398　無敵の話し方
No.399　EV 産業革命
No.400　実家のしまい方
No.401　みずほ 解けない呪縛
No.402　私大トップ校 次の戦略
No.403　ニッポン再生 7つの論点
No.404　マンション管理
No.405　学び直しの「近現代史」

週刊東洋経済eビジネス新書　No.406
電池　世界争奪戦

【本誌（底本）】
編集局　木皮透庸、横山隼也、印南志帆
デザイン　Beework（芋生麻子、足利夕佳）
発行日　2021年11月27日

【電子版】
編集制作　塚田由紀夫、長谷川　隆
デザイン　市川和代
制作協力　丸井工文社
発行日　2022年10月13日　Ver.1

発行所　〒103-8345
東京都中央区日本橋本石町1-2-1
東洋経済新報社
電話　東洋経済カスタマーセンター
03（6386）1040
https://toyokeizai.net/

発行人　駒橋憲一

電子書籍化に際しては、仕様上の都合などにより適宜編集を加えています。登場人物に関する情報、価格、為替レートなどは、特に記載のない限り底本編集当時のものです。一部の漢字を簡易慣用字体やかなで表記している場合があります。本書は縦書きでレイアウトしています。ご覧になる機種により表示に差が生じることがあります。

※本刊行物は、電子書籍版に基づいてプリントオンデマンド版として作成されたものです。